LS

**Arbeitsmaterialien Mathematik
unter Einsatz von GTR oder CAS**

Das ABC der ganzrationalen Funktionen
Lernwerkstatt mit GTR- oder CAS-Einsatz

Erarbeitet von Bärbel Barzel, Ines Fröhlich und Sibylle Stachniss-Carp

Herausgegeben von Günther Dopfer und Rolf Reimer

Ernst Klett Verlag
Stuttgart Düsseldorf Leipzig

9 783127 325133

1. Auflage 1 5 4 3 2 1 | 2007 2006 2005 2004 2003

Alle Drucke dieser Auflage können im Unterricht nebeneinander benutzt werden, sie sind untereinander unverändert. Die letzte Zahl bezeichnet das Jahr des Druckes.

Internetadresse: http://www.klett-verlag.de

Umschlaggestaltung: Alfred Marzell, Schwäbisch Gmünd.
Illustrationen: Jochen Ehmann, Stuttgart
DTP-Satz: Bärbel Barzel
Gesamtherstellung: Meyle + Müller, Medienmanagement, Pforzheim
Druck: Druckerei Gutmann, Talheim. Printed in Germany.

ISBN 3-12-732513-4

Das ABC der ganzrationalen Funktionen

Liebe Schülerinnen und Schüler,

die Analyse von Funktionen ist eine Tätigkeit, ohne die in vielen Bereichen des gesellschaftlichen Lebens (z.B. Wirtschaft, Technik, Versicherungen) nicht professionell gearbeitet werden kann. So ist es beim Planen von Optimierungsprozessen oder beim Erstellen von Prognosen wichtig, über die mathematischen Eigenschaften von Funktionen Bescheid zu wissen und Graphen angemessen interpretieren zu können. Die Untersuchung auf solche Eigenschaften und ihre Bedeutung werden Sie in der vorliegenden Lernwerkstatt anhand einer wichtigen Funktionenklasse – den ganzrationalen Funktionen – kennen lernen.
Ganzrationale Funktionen sind alle Funktionen, deren Terme aus Vielfachen von Potenzen von x und deren Summe zusammengesetzt sind (z.B. $f(x) = 2x^5 - 3x^2 + x - 1$).

Die Werkstatt besteht aus mehreren Stationen, die mit Großbuchstaben bezeichnet sind – das ABC der ganzrationalen Funktionen. Inhaltliche Voraussetzung für die Lernwerkstatt ist, dass Sie mit dem Begriff der Ableitung vertraut sind. Die Bausteine W und A helfen Ihnen, den Ableitungsbegriff zu vertiefen, weshalb Sie mit diesen Bausteinen beginnen sollten.
Es gibt mehrere Wege durch die Stationen, jedoch braucht man für einige Stationen die Kenntnisse aus anderen. Die folgende Grafik verdeutlicht die möglichen Wege, wobei man von unten, von der „Basis“, ausgeht und sich dann nach oben arbeitet. Um die Ergebnisse und Erkenntnisse zu vergleichen und einen gemeinsamen Kenntnisstand zu schaffen, werden nach der zweiten Stufe die wichtigsten Bausteine (L, E, K, N, S) im Plenum präsentiert und besprochen.

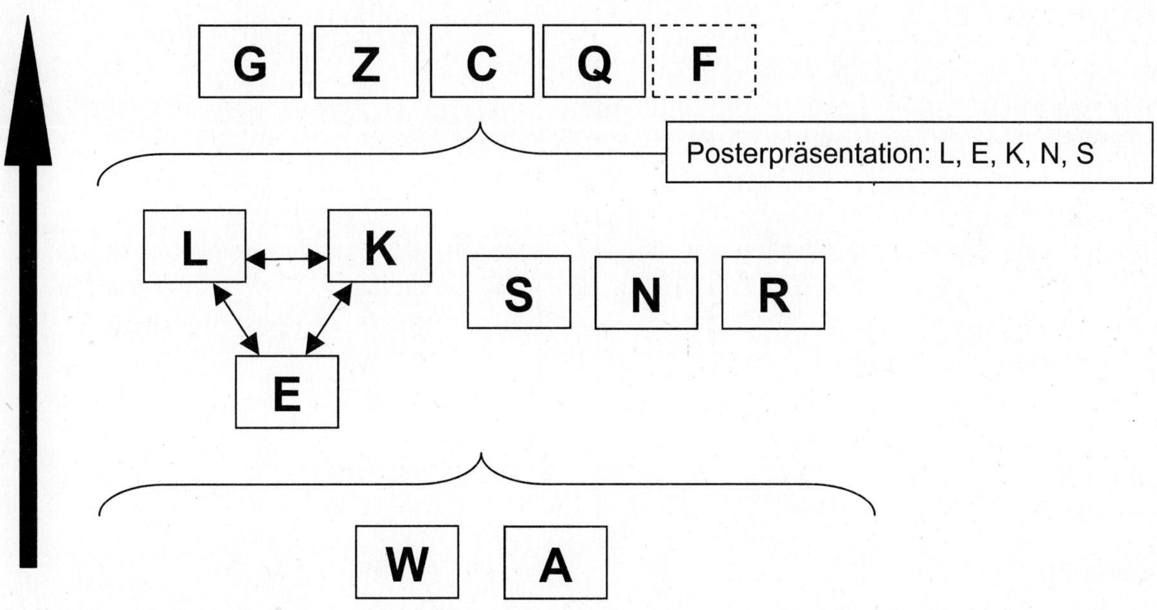

Wir wünschen viel Erfolg!
Bärbel Barzel, Ines Fröhlich, Sibylle Stachniss-Carp

W Werkzeuge

Vorausgesetzte Bausteine: Keine

Sie erarbeiten die Grund – Werkzeuge **Ableitung** und **Ableitungsregeln**.

Grafisch:

Lesen Sie für mehrere Stellen im Graphen von f die ungefähre Tangentensteigung ab. Übertragen Sie die Werte in das untere Koordinatensystem. Für die Stelle x = 1 wurde dies bereits durchgeführt.

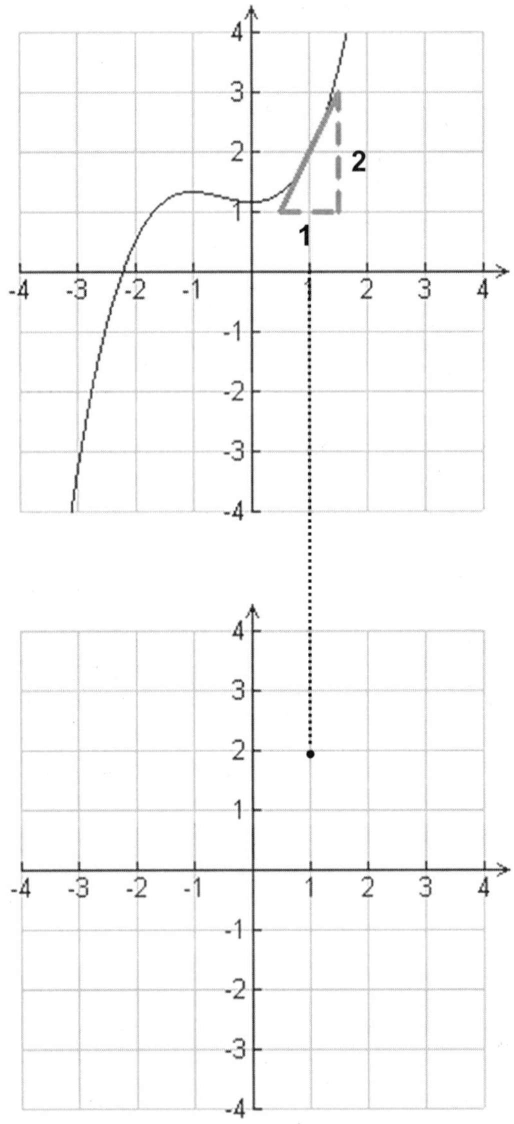

Rechnerisch:

Ermitteln Sie mithilfe des Rechners den Term der Ableitungsfunktion zu einigen Funktionen und stellen Sie diese in einer Tabelle zusammen.

f(x)	f'(x)

Schließen Sie aufgrund Ihrer Beispiele auf allgemeine Ableitungsregeln für ganzrationale Funktionen und überprüfen Sie diese an weiteren Beispielen.

A Ich gehe den Ableitungsgraphen

Vorausgesetzte Bausteine: Keine

Sie erfahren den Zusammenhang zwischen Entfernung und Geschwindigkeit als eine **Anwendung** von Ableitung.

Hier geht es nicht nur um ganzrationale Funktionen.

1. Welche der folgenden Aussagen sind wahr, welche sind falsch? Markieren Sie mit **W** oder **F**.

Situation a): Zwei Läufer (A und B) laufen auf einem gemeinsamen Weg. Die Graphen geben ihre Entfernungen vom Startpunkt aus in Abhängigkeit von der Zeit an.

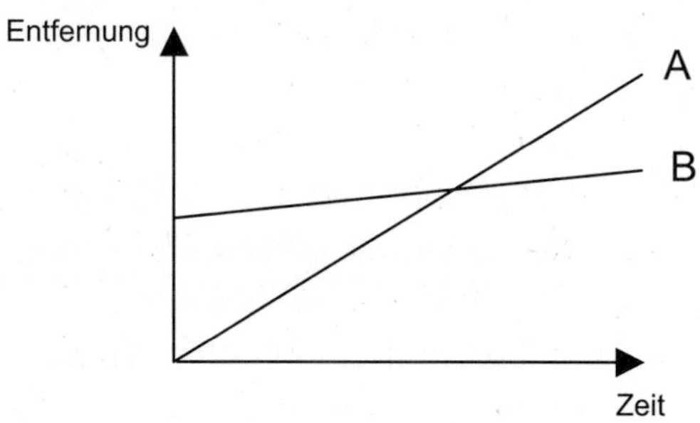

(1) Anfangs läuft B schneller als A.
(2) Der Schnittpunkt der Graphen bestimmt den Zeitpunkt, an dem A und B dieselbe Geschwindigkeit haben.
(3) A läuft immer schneller als B.

Situation b): Der Graph zeigt, wie sich die Entfernung eines Zuges vom Startpunkt A verändert.

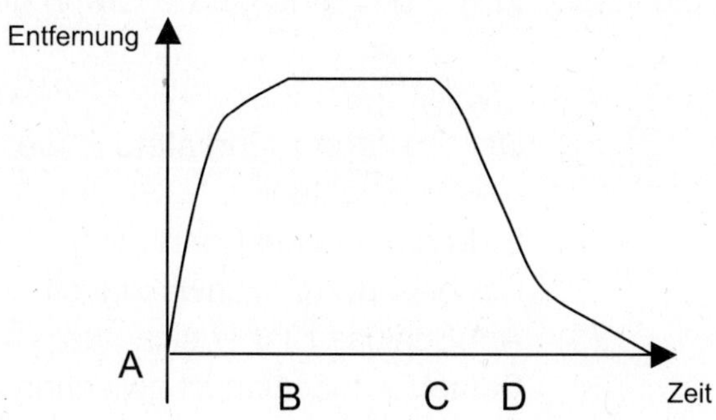

(1) Der Zug wird kurz vor B langsamer.
(2) Der Zug wird kurz vor B schneller.
(3) Der Zug bewegt sich zwischen B und C mit konstanter Geschwindigkeit.
(4) Der Zug steht zwischen B und C still.
(5) Der Zug kehrt zum Ausgangspunkt zurück.
(6) Der Zug wird zwischen C und D langsamer.

Situation c): Der folgende Graph zeigt, mit welcher Geschwindigkeit sich eine Person auf einer Geraden zwischen A und B bewegt. Sie startet bei A.

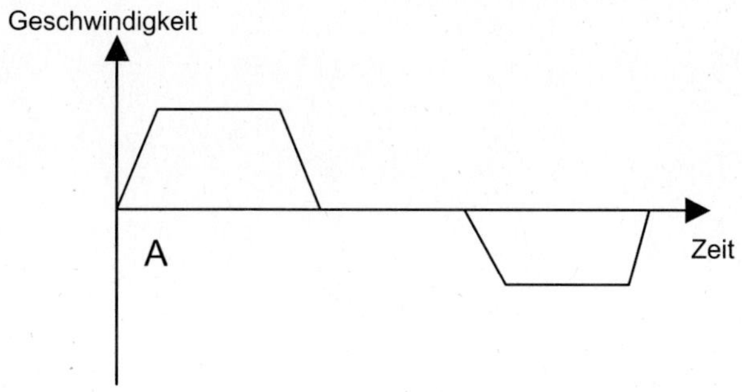

(1) Die Person ist jederzeit in Bewegung.
(2) Die Person bewegt sich bis A erst langsam und wird dann immer schneller.
(3) In den waagerechten Teilstücken des Graphen stoppt die Person.

2. Beschreiben Sie den Bewegungsablauf, der im Graphen rechts aufgezeichnet ist.
   Falls ein Bewegungsmessgerät zur Verfügung steht:
   Vollziehen Sie die Bewegung nach und erzeugen Sie so selbst diesen Graphen.

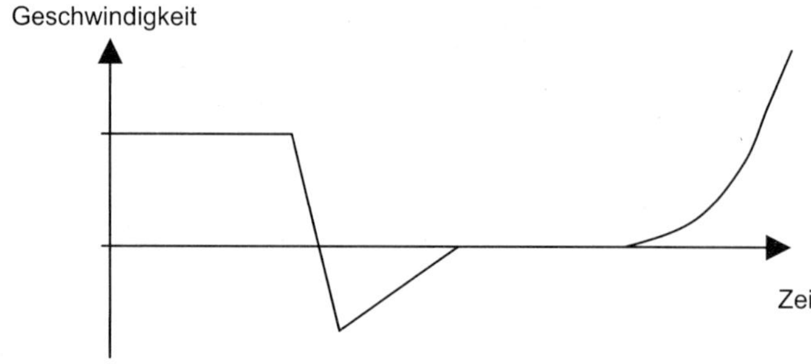

3. Welche der folgenden Aussagen sind wahr, welche sind falsch?

   Situation a): Der Graph beschreibt die Endphase eines Wettlaufs bis zum Ziel.

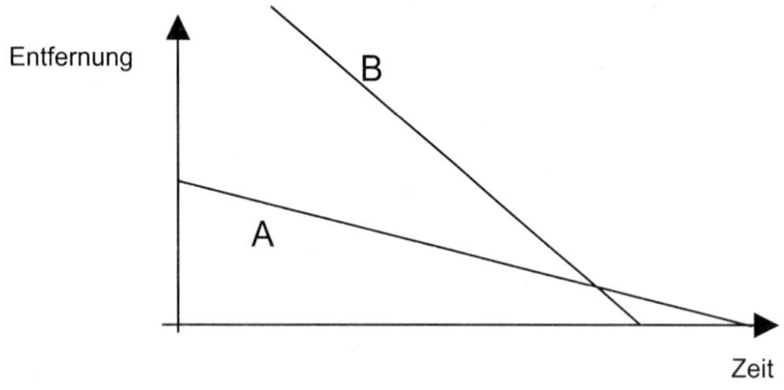

(1) Nur am Anfang ist B schneller als A.
(2) Der Schnittpunkt der Graphen beschreibt den Zeitpunkt, bei dem A und B dieselbe Geschwindigkeit haben.
(3) A läuft immer schneller als B.
(4) B gewinnt den Wettlauf.

   Situation b): Ein Radfahrer fährt auf einer Wegstrecke AB. Er beginnt genau in der Mitte M zwischen A und B und fährt zuerst in die Richtung von B. Der folgende Graph gibt die Bewegung wieder.

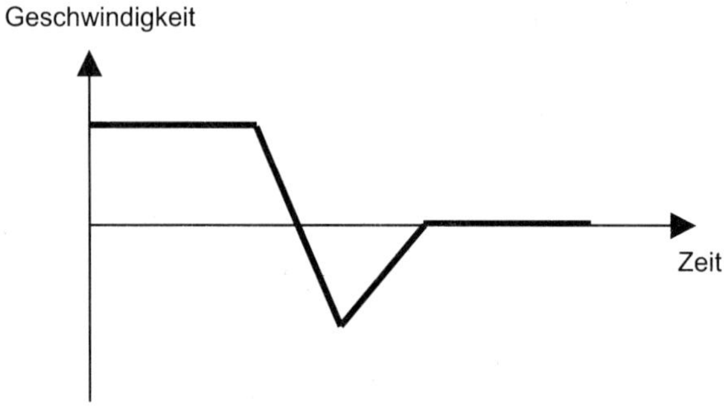

(1) Der Radfahrer fährt stets in die gleiche Richtung.
(2) Er beginnt seine Fahrt mit wachsender Geschwindigkeit.
(3) Am Schluss ruht er sich aus.
(4) Seine Endposition ist zwischen A und M.
(5) Seine Endposition ist zwischen M und B.

L Lange Leitungen

Vorausgesetzte Bausteine:
Keine, aber Vernetzung mit K und E

Sie erarbeiten die **Ableitung der Ableitung**, die **Ableitung der Ableitung der Ableitung** ....

Wie oft muss man ableiten, bis sich zum ersten Mal der Ableitungsterm Null ergibt?

Bestimmen Sie alle Ableitungen.
$f(x) = x^2 - 6x + 8$
$g(x) = -2x^3 + 6x^2$
$h(x) = x^5 - 4x^3 + 4x - 7$

Information

Differenziert man die Ableitungsfunktion f', so erhält man eine neue Funktion $(f')' = f''$, die Ableitung der Ableitung, genannt „die 2. Ableitung".

Auf gleichem Weg gelangt man von f'' zu $f''' = f^{(3)}$, der 3. Ableitung, von f''' zu $f'''' = f^{(4)}$, der 4. Ableitung, usw.

Man liest: „f zwei Strich" für f'', „f drei Strich" für f''', „f n Strich" für $f^{(n)}$

Beispiel:
$f(x) = 0{,}125\,(x^3 - 9x^2 + 15x + 25)$
$f''(x) = 0{,}125\,(3x^2 - 18x + 15)$
$f''(x) = 0{,}125\,(6x - 18)$
$f'''(x) = 0{,}125 * 6$
$f''''^{(4)}(x) = 0$ ...
$f^{(n)}(x) = 0$ für $n \geq 4$

Informieren Sie sich darüber, was man unter einem Wendepunkt versteht.

Stellen Sie folgende Funktionen und alle ihre Ableitungsfunktionen grafisch dar. Benutzen Sie für jede Funktion ein neues Koordinatensystem.
$f(x) = 0{,}125\,(x^3 - 9x^2 + 15x + 25)$
$g(x) = x^3 - 3x^2 + 3x + 1$
$h(x) = 0{,}2x^4 - 0{,}3x^3 - x^2 + 0{,}2$
Finden Sie jeweils möglichst viele Zusammenhänge zwischen dem Graphen der Funktion und deren Ableitungen. Ziehen Sie allgemeine Schlüsse und vervollständigen Sie die Tabelle.

Grad[1] der Funktion	Max. Anzahl Nullstellen	Max. Anzahl Extrempunkte	Max. Anzahl Wendepunkte

[1] Die höchste vorkommende x-Potenz im Funktionsterm ist der „Grad" einer Funktion. Zum Beispiel hat eine quadratische Funktion den Grad 2; die Funktion $f(x) = 3x^4 - 2x^3 + x - 1$ ist eine Funktion 4. Grades usw.

E Extremes

Vorausgesetzte Bausteine:
Keine, aber Vernetzung mit K und L

> Sie lernen **lokale Extremstellen** zu bestimmen.

Häufig ist es wichtig zu wissen (z.B. bei Kostenfunktionen), wo in einem bestimmten Bereich Funktionswerte minimal oder maximal werden. Die verschiedenen Darstellungsarten einer Funktion (Term, Graph oder Tabelle) haben bei der Bestimmung dieser lokalen Extremstellen Vor- und Nachteile. Im Folgenden sind drei Funktionen jeweils unterschiedlich gegeben – bestimmen Sie für diese Funktionen diejenigen x-Werte, an denen die Funktionen einen lokalen Extremwert annehmen (d.h. minimal bzw. maximal werden). Halten Sie Vor- und Nachteile der drei Darstellungsarten fest.

Funktion 1:

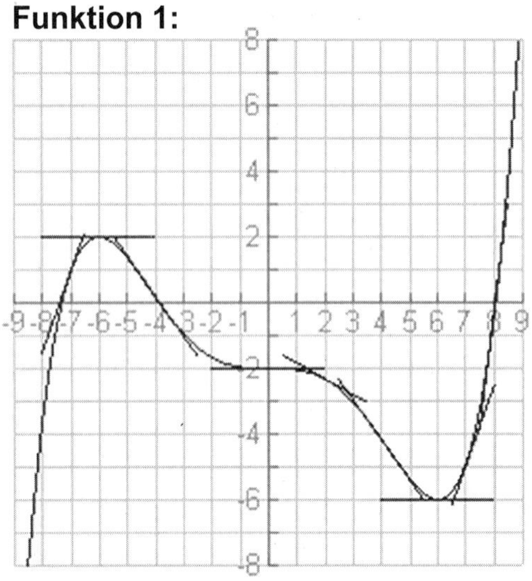

Funktion 3:
$f(x) = x^2 + 2$ mit $-2 \leq x \leq 2$

Funktion 2:

x	y
0	13,5
1	5,9375
2	1
3	–1,6875
4	–2,5
5	–1,8125
6	0
7	2,5625
8	5,5
9	8,4375
10	11
11	12,8125
12	13,5
13	12,6875
14	10
15	5,0625

Ermitteln Sie ein rechnerisches Verfahren, lokale Extrempunkte zu bestimmen. Wenden Sie das Verfahren auf die folgenden Funktionen an. Überprüfen Sie Ihr Ergebnis mithilfe des jeweiligen Graphen.

$$f(x) = \frac{1}{3}x^3 - x$$

$$g(x) = \frac{1}{4}x^4 - \frac{1}{3}x^3 - x^2$$

„Ist die Tangentensteigung 0, liegt ein lokales Extremum vor."

Beurteilen Sie diese Aussage und verbessern Sie gegebenenfalls.

Warum ist das Adjektiv „lokal" wichtig?

K Sanft krümmt sich …

Vorausgesetzte Bausteine:
Keine, aber Vernetzung mit E und L

Sie erarbeiten **Links- und Rechtskurven** und wie man am Term ablesen kann, welche Art von Kurve vorliegt.

Zeichnen Sie den Graphen von f mit $f(x) = \frac{1}{3}x^3 - x^2 + 4$ in ein Koordinatensystem und in zwei weitere, darunter liegende Koordinatensysteme die Graphen der 1. und der 2. Ableitung im Intervall $-2{,}5 \leq x \leq 2{,}5$.

Erarbeiten Sie sich die Bedeutung der 2. Ableitung.

Mögliche Aspekte:

Betrachten Sie den Graphen von f als eine Straße aus der „Vogelperspektive", die in Richtung zunehmender x-Werte befahren wird. In welchem Bereich ergibt sich eine Linkskurve bzw. eine Rechtskurve? Welche Eigenschaft hat die zweite Ableitung in diesen „Kurvenbereichen"?

Welcher Zusammenhang besteht zwischen den Ableitungen und dem Kurvenverhalten in Links- bzw. Rechtskurven?
Welche Kurvenart liegt bei einem lokalen Maximum bzw. Minimum vor?

Welche Rolle spielt der Wendepunkt in Bezug auf das Kurvenverhalten?

Als Hilfe können Sie das ausliegende Merkposter verwenden.

1. Gegeben ist $f''(x) = ax - 2$. Wie muss a gewählt werden, damit der Graph von f bei $x = 1$ die Kurvenart (d.h. von Links- zur Rechtskurve oder umgekehrt) wechselt?

2. Die Abbildungen zeigen jeweils die Graphen von f' und f''. Zeichnen Sie jeweils den Graphen einer passenden Funktion f. (Wie viele Funktionen f gibt es jeweils?)

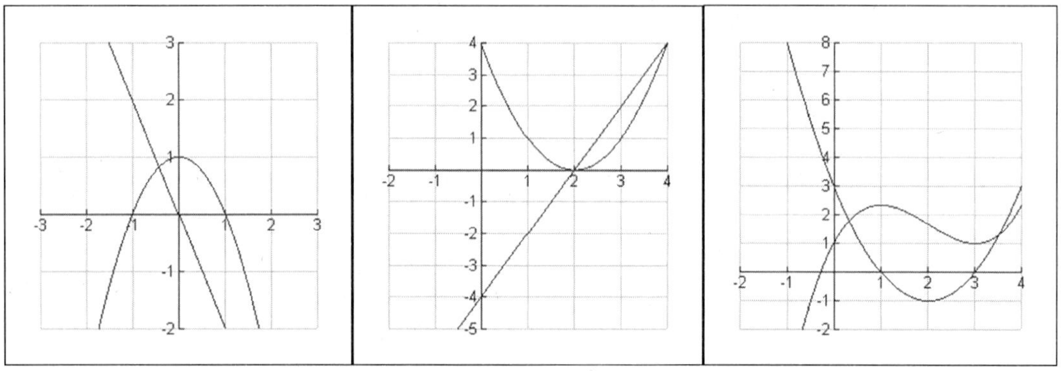

3. Von einer ganzrationalen Funktion f ist bekannt: f'' ist für $x < 4$ negativ und für $x > 4$ positiv. Skizzieren Sie den Graphen einer Funktion f in der Nähe der Stelle $x = 4$.

4. f'' hat die Gleichung $f''(x) = x^2 - x - 2$.
   In welchen Bereichen macht der Graph von f eine Linkskurve bzw. eine Rechtskurve?

5. Wo können Wendepunkte der folgenden Funktionen liegen?
   $f(x) = x^3 - x^2$ $g(x) = x^4 - 16x^3 + 72x^2$ $h(x) = -5x^2 + 7x - 6$

N Die Null-Linie

Vorausgesetzte Bausteine: Keine

Sie lernen zu erkennen, an welchen Stellen eine Funktion **null** wird.

Die verschiedenen Darstellungsarten von Funktionen (Graph, Term oder Tabelle) haben auch bei der Bestimmung von Nullstellen ihre Vor- und Nachteile. Finden Sie diese heraus, indem sie an den folgenden Funktionen die Nullstellen bestimmen und die Vorgehensweisen vergleichen.

Tabelle

x	y
–1	–2,25
0	–2
1	–1,75
2	6
3	58,75
4	254
5	779,25
6	1942

Wo liegt die Nullstelle?
Was können Sie aus der Tabelle ablesen?
Bestimmen Sie die Nullstelle genauer, indem Sie die Tabelle verfeinern.
Die Funktionsgleichung lautet:
$y(x) = 0{,}25x^5 - 2$

Graph

Betrachten Sie den Graphen der Funktion am Bildschirm und ermitteln Sie durch fortgesetztes Zoomen im Grafikfenster die Nullstellen möglichst genau.
$y(x) = 0{,}2x^3 - 1{,}4x^2 + 0{,}7x + 6{,}5$

Term

Schreiben Sie den Term als Produkt und bestimmen Sie die Nullstellen:

a) $f(x) = x^2 - 5x$
b) $f(x) = x^2 - 6x + 9$
c) $f(x) = x^2 + x + 1$
d) $f(x) = (x - 4)\,(x + 1)^3\,(x^2 + 2x - 3)\,(x^2 + 1)$
e) $f(x) = x^3 - 4x^2 - 5x$

1. Listen Sie die Vor- und Nachteile der Vorgehensweisen auf.

2. Geben Sie die Gleichung einer ganzrationalen Funktion an, die
   a) den Grad[2] 2 und die Nullstellen 7 und 8 hat,
   b) den Grad 3 und die Nullstellen 2,5 und –3 hat.

3. Bestimmen Sie a so, dass
   $f(x) = x^2 - 5{,}5x + a \cdot 1{,}5$ eine Nullstelle 3 hat und berechnen Sie anschließend die weitere Nullstelle.

4. Stellen Sie den „Geist“ der nebenstehenden Grafik auf Ihrem Bildschirm dar.

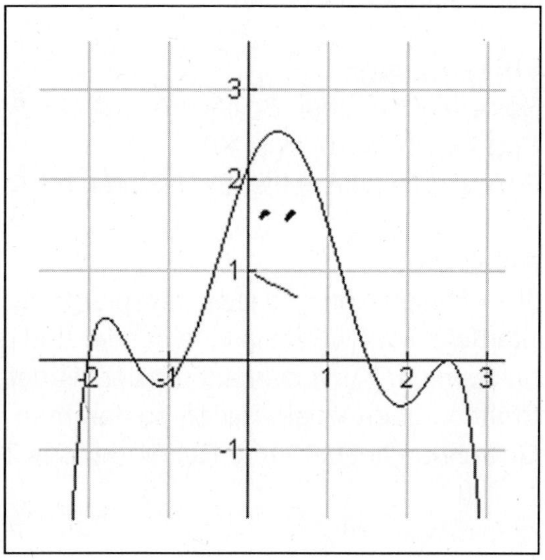

[2] Die höchste vorkommende x-Potenz im Funktionsterm ist der „Grad“ einer Funktion. Zum Beispiel hat eine quadratische Funktion den Grad 2; die Funktion $f(x) = 3x^4 - 2x^3 + x - 1$ ist eine Funktion 4. Grades usw.

S Symmetrien

Vorausgesetzte Bausteine: Keine

Sie untersuchen Graphen auf **Symmetrie** und ermitteln, wie man Symmetrie manchmal schon am Term erkennen kann

Hier geht es nicht nur um ganzrationale Funktionen.

1. Untersuchen Sie die folgenden Funktionen auf Symmetrie des Graphen.
   Überlegen Sie sich eine sinnvolle Unterscheidung der Symmetriearten.
   Bei manchen Funktionen kann man schon am Term die Symmetrie des Graphen erkennen.
   x^2, x^3, x^4, x^5, $\sin(x)$, x^{-1}, x^{-2}, $\sqrt{x}$, 2^x, 2^{x^2}, $|(x^2-1)|$, $2x-1$, x

2. Welche Symmetrie lässt sich am Term erkennen?
   a) $f(x) = 0{,}5x^4 - x^2 + 4$
   b) $f(x) = 7x^3 - x + 1$
   c) $f(x) = 0{,}2x^7 - 3{,}1x^5 + x^3$
   d) $f(x) = x + x^2 + x^3$
   e) $f(x) = x^{13} + 5x^{11} - x^9 + 8x^6 - 6$

3. Geometrische Bilder erhält man natürlich auch mithilfe mehrerer Graphen.
   Welche Funktionen benötigt man zum Beispiel für die „Blume"?

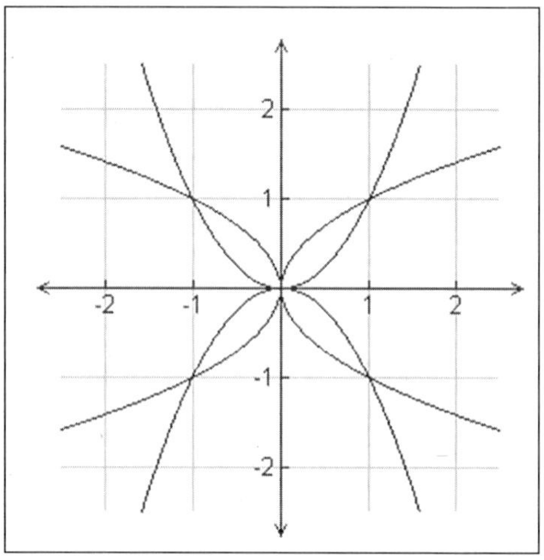

R Reiterspiel (für 4 Spieler/innen)

Vorausgesetzte Bausteine: L, E, K, N, S

Sie vertiefen die neuen Kenntnisse anhand eines Spieles.

Vorbereitung:
Bekleben Sie einen Spielwürfel mit den Aufschriften $f'(x) = 0$, $f'(x) < 0$, $f'(x) > 0$, $f''(x) = 0$, $f''(x) < 0$, $f''(x) > 0$.
Bringen Sie bitte selbst Spielfiguren mit, der Spielplan liegt im Unterricht aus.

Anleitung:
Jede Mitspielerin und jeder Mitspieler wählt eine Spielfigur (Pferd) und stellt diese auf das Startfeld. Man würfelt nacheinander und galoppiert zum nächsten (nicht übernächsten) Feld, bei dem der Kurvenverlauf mit der Würfelaufschrift übereinstimmt.
Steht dort bereits ein Reiter, so darf man diesen zurück auf das Startfeld setzen.
Gewonnen hat der erste Reiter, der das Ziel erreicht.

C Check-up

Vorausgesetzte Bausteine: L, E, K

Sie überprüfen die neuen Kenntnisse.

1. Wahr oder falsch?

Aussage	**wahr/falsch**	**Begründung, ggf. Korrektur**
Zwischen zwei benachbarten Extrema einer ganzrationalen Funktion liegt immer ein Wendepunkt.		
Besitzt der Graph einer ganzrationalen Funktion zwei Wendepunkte, dann muss sie mindestens 4. Grades sein.		
Wenn $f'(x_0) = 0$ gilt, dann ist x_0 eine Extremstelle.		
Wenn x_0 eine Extremstelle ist, dann hat dort die 1. Ableitung den Wert 0.		
Wenn die Steigung des Graphen von f an der Stelle x_0 null ist, dann hat f in x_0 eine Wendestelle.		
Wenn $f''(x_0) = 0$ ist, dann hat der Graph von f dort einen Wendepunkt.		
An der Stelle mit der größten Steigung liegt ein Wendepunkt.		
Aus „Steigung in (1/0) ist 2" kann ich als einzige Bedingung schließen, dass $f'(1) = 2$ ist.		

2. a) Bestimmen Sie Hoch- und Tiefpunkte des Graphen von f mit $f(x) = x^3 - x$.
   b) Der Graph der Funktion $g(x) = x^4 - ax^3$ hat bei $x = -3$ eine Extremstelle. Bestimmen Sie a.
   c) Der Graph der Funktion $h(x) = x^3 - 5x^2 + ax$ hat bei $x = 2$ eine Extremstelle. Bestimmen Sie a.

3. Wie hängen diese Bilder zusammen?

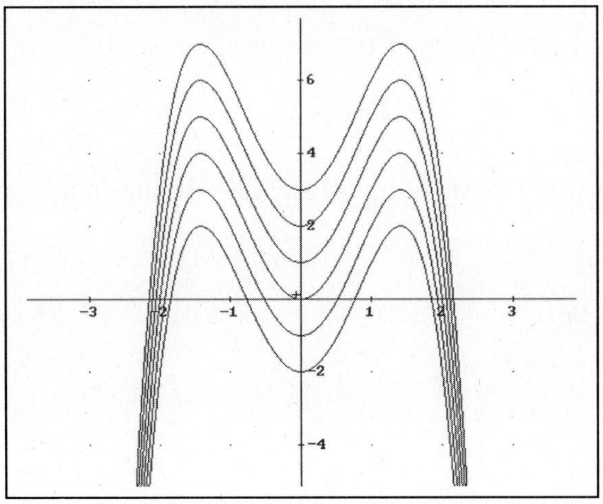

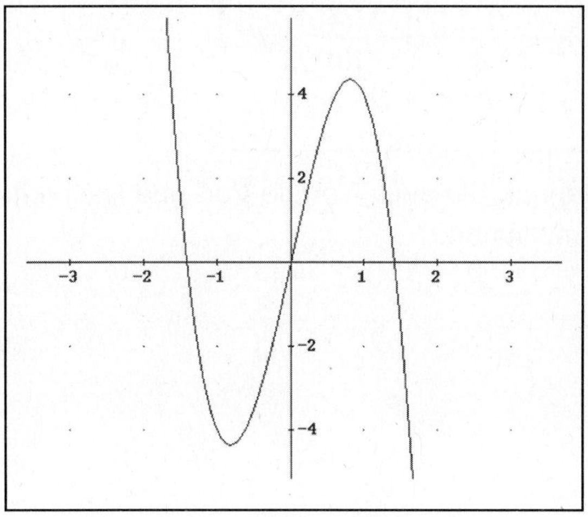

G Geheimnis lüften

Vorausgesetzte Bausteine: L, E, N, K, S

Sie bestimmen Funktionen und Eigenschaften aufgrund gegebener Informationen.

1. Von einer Funktion ist der nebenstehende **Term** gegeben:

$$f(x) = \frac{2}{3}(x-2)(x^2 + \frac{1}{2}x - 5)$$

Untersuchen Sie die Funktion mithilfe der Bausteine auf möglichst viele Eigenschaften.

2. Von einer Funktion ist der nebenstehende **Graph** gegeben.

Untersuchen Sie die Funktion mithilfe der Bausteine auf möglichst viele Eigenschaften.

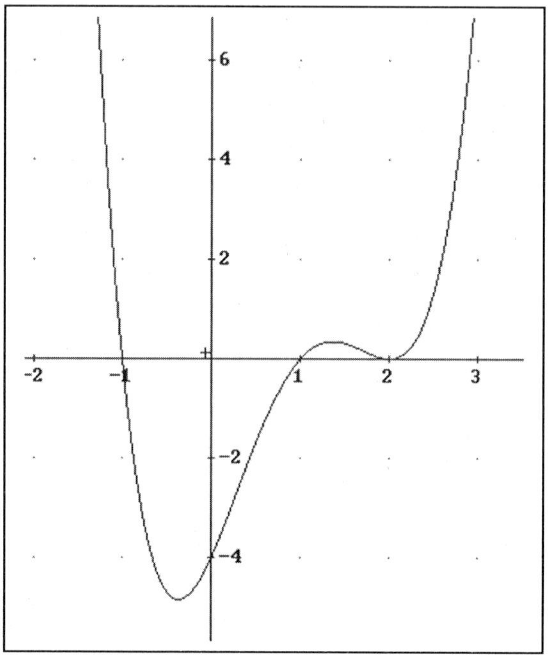

Wertetabelle

x	f(x)
–4	192
–3,5	101,06
–3	45
–2,5	14,06
–2	0
–1,5	–3,94
–1	–3
–0,5	–0,94
0	0
0,5	–0,94
1	–3
1,5	–3,94
2	0
2,5	14,06
3	45
3,5	101,06
4	192

3. Von einer Funktion ist die nebenstehende **Tabelle** gegeben. Untersuchen Sie die Funktion mithilfe der Bausteine auf möglichst viele Eigenschaften.

4. Nennen Sie auch hier die Vor- und Nachteile der drei Darstellungsarten beim Bestimmen von Funktionen.

Z Spiel – Was gehört zusammen?

Vorausgesetzte Bausteine: L

Sie üben Graphen von Funktionen und die zugehörigen Ableitungsfunktionen zu finden.

Aus 14 vorgegebenen Funktionsgraphen sind drei Funktionsgraphen und die Graphen ihrer 1. und 2. Ableitung herauszufinden und einander zuzuordnen. Legen Sie dafür die passenden Kärtchen in die vorbereitete Tabelle.

Das hierfür notwendige Material (eine Tabelle und 13 Kärtchen mit (Funktions-) Graphen) liegt aus. Ordnen Sie jeweils passende Kärtchen in der Tabelle ein.

Q Quiz

Vorausgesetzte Bausteine: alle anderen

Sie tragen die neuen Kenntnisse in einem Quiz zusammen.

Wie viele lokale Extrema hat eine ganzrationale Funktion 4. Grades?

a) genau 3	b) höchstens 3
c) mindestens 3	d) keine Aussage möglich

Überlegen Sie sich nach diesem Muster drei weitere Fragen mit Antwortmöglichkeiten.
Nutzen Sie dazu die in der Lernwerkstatt erarbeiteten Inhalte und gehen Sie auf Aspekte ein, die für Sie wichtig sind – das sind z.B.:

- Stellen, an denen Sie „Gedankenblitze“ hatten,
- Inhaltliches, das Ihnen wichtig erscheint,
- „Eselsbrücken“,
- Stellen, bei denen Sie besondere Schwierigkeiten hatten o.Ä.
- ...

Aus den Vorschlägen aller Gruppen wird ein Quiz für alle erstellt.

F Funktionen – Suchdienst

Vorausgesetzte Bausteine: L, E, N, K, S

Sie lernen **Funktionsterme zu bestimmen,** wenn einzelne Bedingungen gegeben sind.

1. „Rutsche"
   Aus drei Blechteilen soll eine Rutschbahn für das Schwimmbad so wie in der Abbildung zusammengesetzt werden. Das gebogene Stück (zwischen x = –3 und x = 0) soll ohne Knick an die geraden Teile anschließen. Bestimmen Sie eine Funktion, deren Graph passend geformt ist.

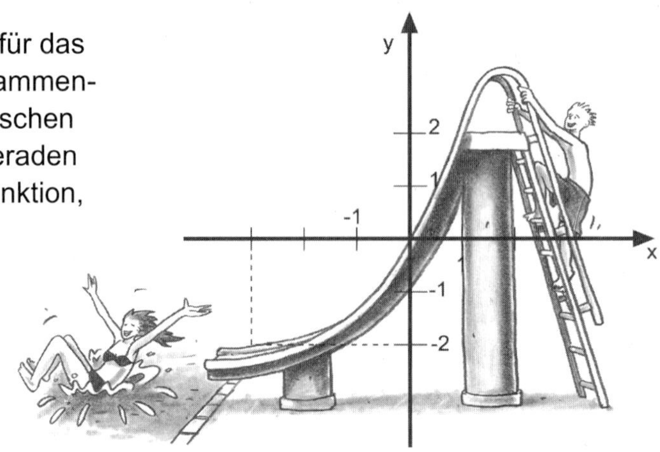

2. Eine ganzrationale Funktion 3. Grades hat die gleichen Nullstellen wie $g(x) = x^2 - x - 2$. Ihr Graph schneidet die y-Achse mit der Steigung –3 im Punkt P(0I–2).

3. Eine ganzrationale Funktion 4. Grades besitzt bei x = 0 ein Extremum und bei x = –1 einen so genannten Sattelpunkt. Ein Sattelpunkt eines Funktionsgraphen ist ein Wendepunkt mit waagerechter Tangente. Die Tangente bei x = 1 hat die Gleichung y = 48x – 48.

4. Für den Bau eines norddeutschen Radrundwanderwegs muss ein Kanal untertunnelt werden. Auf Grund des ebenen Geländes kann der Tunnel symmetrisch angelegt werden, d.h., die Tunneleinfahrten sind jeweils 15 m höher als die tiefste Stelle und 250 m weit entfernt von der tiefsten Stelle unter dem Kanal. Diese liegt 10 m unter der Wasseroberfläche. Ein günstiger Verlauf des Tunnels wird erreicht, wenn man wie in dem Bild skizziert drei Parabeln mit gleichem Öffnungsgrad aneinander fügt. Für eine angenehme und zügige Fahrt durch den Tunnel muss die Strecke zudem knickfrei sein und die Einfahrten an den höchsten Punkten (Scheitelpunkte der Parabeln) der Strecke liegen.

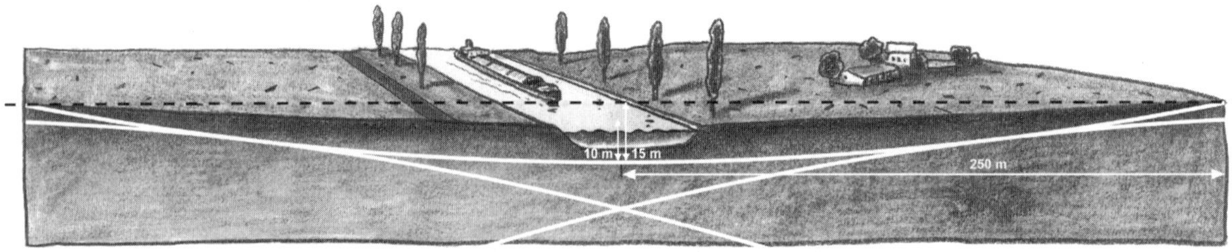